童话里
蹦出个猴面包树

意想不到的植物

[土耳其]法提赫·迪克曼博士 著 [土耳其]苏梅耶·埃尔奥卢 绘 王柏杰 译

中信出版集团 | 北京

图书在版编目（CIP）数据

童话里蹦出个猴面包树：意想不到的植物 /（土）
法提赫·迪克曼博士著；(土) 苏梅耶·埃尔奥卢绘；
王柏杰译. —— 北京：中信出版社, 2024.4
ISBN 978-7-5217-5278-6

Ⅰ.①童… Ⅱ.①法…②苏…③王… Ⅲ.①植物 –
儿童读物 Ⅳ.①Q94-49

中国国家版本馆CIP数据核字（2023）第021879号

童话里蹦出个猴面包树：意想不到的植物

著　者：［土耳其］法提赫·迪克曼博士
绘　者：［土耳其］苏梅耶·埃尔奥卢
译　者：王柏杰
出版发行：中信出版集团股份有限公司
　　　　　（北京市朝阳区东三环北路27号嘉铭中心　邮编 100020）
承 印 者：北京启航东方印刷有限公司

开　本：889mm×1194mm 1/8　　　印　张：13.5　　　字　数：220千字
版　次：2024年4月第1版　　　　印　次：2024年4月第1次印刷
京权图字：01-2023-0227
书　号：ISBN 978-7-5217-5278-6
定　价：68.00 元

出　品：中信儿童书店
图书策划：好奇岛
策划编辑：范子恺
责任编辑：陈晓丹
营　销：中信童书营销中心
封面设计：刘潇然
内文排版：锡鹏

版权所有·侵权必究
如有印刷、装订问题，本公司负责调换。
服务热线：400-600-8099
投稿邮箱：author@citicpub.com

这本书属于:

目录

非洲

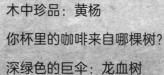

亚洲

欧洲

北美洲

南美洲

大洋洲

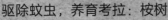
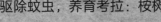

上面是果肉，下面是惊喜：腰果

很多蔬果的果肉和种子都能食用，比如南瓜。南瓜厚厚的外皮里藏着鲜美甘甜的果肉，而里面的南瓜子烘干后，就成了茶余饭后的小零食。腰果也是这样一种果肉和种子都能食用的植物。但从腰果树上垂下来的果实里面是没有种子的，那么，它的种子在哪儿呢？

如果你仔细观察，就会发现每一个果实底下都有一个逗号形状的东西，这就是腰果的种子。不过，种子外面有层壳，剥开后就是可口的腰果。在土耳其，人们吃的是形如花生的种子，也就是我们常见的腰果。但有些国家的人们会吃腰果的果肉，比如印度人会在烹饪时使用腰果果肉，而有的巴西人则会饮用腰果果肉榨的汁。

腰果原产于热带美洲，由葡萄牙人带到非洲后，受到当地居民的无比喜爱，很快就种满了西非。今天，贝宁等西非国家以及印度是世界上几个腰果产量最大的国家。

和乳香黄连木、阿月浑子一样，腰果也是漆树科的植物。

世界上最大的腰果树在巴西。这棵树算上重重枝丫和根部，占地8000多平方米，每年可收获七八万颗腰果。1994年，这棵腰果树被载入吉尼斯世界纪录。

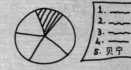

根据2013年的数据，贝宁是世界上第五大腰果生产国。

猜猜我是谁？

银嘴唐纳雀生活在南美洲，十分喜欢吃腰果。

腰果拉丁学名中的"anacardium"在拉丁语中是"没有心脏"的意思。当然，这其实指的是腰果果实里面没有种子。

腰果不耐寒，只能生长在热带气候中。

名字
腰果

特点
根部发达，种子可口

拉丁学名
Anacardium occidentale

高度
5～15 米

木中珍品：黄杨

黄杨木是木中珍品，木质坚韧致密。全世界都有工匠和手艺人用黄杨木做梳子、勺子和装饰品等。黄杨木不仅外观雅致，用它制作的工艺品也十分耐用，甚至可以代代相传。有土耳其谚语可以体现黄杨木的价值："给光头用黄杨木梳子！"这句谚语形容一个人不考虑实际生活需求，只喜欢追求奢侈品。

但事实上，野生黄杨的数量正日益减少。因为做一把梳子，甚至需要用一棵黄杨。而一棵黄杨要生长40年，才能长到直径15厘米粗。而为了做一把精美的黄杨木梳子，一棵生长多年的黄杨就会消失。今天，全球黄杨数量已经十分稀少，这正是"给光头用黄杨木梳子！"这句谚语带来的后果！

黄杨的叶子是革质的，较为厚实，叶片无绒毛，有浅浅的光泽。黄杨在秋天不会落叶，四季常绿。

在阿尔及利亚和摩洛哥，有一种山羊很喜欢爬树吃树叶。但黄杨树叶对它们来说不算美味，所以它们只好吃旁边这棵小树的叶子将就一下。

名字
黄杨

特点
木材珍贵，可以做成珍贵、耐用的梳子

拉丁学名
Buxus sempervirens

高度
1～12米

黄杨喜欢热带和温带气候，不喜欢严寒。但它十分耐阴，在其他树的树荫底下仍然可以生长，因此灌木高度的黄杨更常见。

灌木高度的黄杨经过一番修剪，常常用来作为园林装饰。

猜猜我是谁？

黄杨木质坚韧，树叶常绿，据说早在古希腊亚里士多德生活的时代就已很常见。它被叫作"*Buxus sempervirens*"，"buxus"由希腊语中"pykos（坚硬）"一词演变而来，而"sempervirens"在拉丁语中则是"常绿树"的意思。

你杯里的咖啡来自哪棵树？

你准备好听我讲一杯带着气泡的土耳其咖啡的故事了吗？这个故事源远流长。有一天，一粒咖啡种子掉到了地上。过了很多年，它长成了一棵咖啡树，等它结出咖啡果时，我们的故事便开始了。

雨季一过，咖啡树就会开出洁白的花朵，没过几天花朵便凋谢了，再过几个月，它们就会结出一串串青葡萄般的果实来。果实成熟时，先变为黄色，再变成红色。这时，农民出场了。

他们仔细地把一粒粒咖啡果从树枝上摘下，把这些形似樱桃的果实剥去外皮，取出青褐色的种子，再在磨坊里把坚硬的种子外壳去掉。最后，去掉外壳的种子，也就是咖啡豆，被装上轮船、飞机、火车等交通工具运往世界各地。咖啡豆在全球各地经过焙炒、研磨制成咖啡粉，然后放入壶中烹煮。人们将煮好的咖啡倒入杯中，佐以甜点来享用。

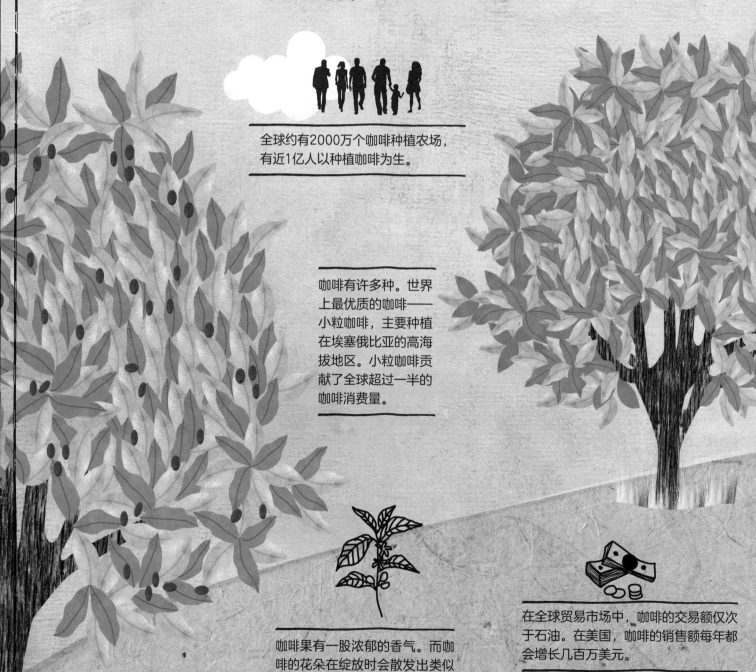

全球约有2000万个咖啡种植农场，有近1亿人以种植咖啡为生。

咖啡有许多种。世界上最优质的咖啡——小粒咖啡，主要种植在埃塞俄比亚的高海拔地区。小粒咖啡贡献了全球超过一半的咖啡消费量。

咖啡果有一股浓郁的香气。而咖啡的花朵在绽放时会散发出类似茉莉花香的淡淡香味。

在全球贸易市场中，咖啡的交易额仅次于石油。在美国，咖啡的销售额每年都会增长几百万美元。

名字
小粒咖啡

特点
种子可以加工成咖啡粉

拉丁学名
Coffea arabica

高度
2～8 米

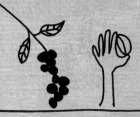

猜猜我是谁？

人们通常用手一颗颗采摘咖啡果，或是直接把整段树枝折下后收集果实。一颗颗采摘咖啡果虽然比较麻烦，但效果更佳。因为把整段树枝折下来的话，枝头上挂着的未成熟的果实也会被一同扯下来，这就有点可惜了！

咖啡是世界上最受欢迎的三大饮品之一，咖啡豆是贸易市场中流通性最好的商品。

5kg

从咖啡树上摘果实可不是件容易的事。每棵树每年能采到0.5～5千克不等的咖啡果。

深绿色的巨伞：龙血树

你受伤时会流血，龙血树受伤时也会流出红色的树脂，看上去好像也在"流血"。第一次见到这一景象的人，以为树干里含有传说中的龙血，所以把它称作龙血树。其实，这种红色的树脂和我们身体里流淌的血液没有任何关系。这种树脂是一种好东西，人们可以把它加工成药物和颜料。

龙血树在最初的10～15年里只会笔直生长，不会生出旁枝，也不会开花。在这个阶段，它有点像棕榈——更何况龙血树和棕榈的叶子都是细长的剑形。龙血树的叶子甚至可以长到半米长。龙血树的另一特征是，它高高的树干顶端枝节繁复，茂密的树叶交织在一起，看起来像极了一把巨伞，或是一个巨大的菜花。

龙血树在开满芬芳花朵时开始长旁枝。新的枝条生长10～15年后又会再次分权。因此，人们可以通过枝条的状态来推测它的树龄。

世界上年龄最大的龙血树生长在西班牙的加那利群岛上。有人以为这是棵千年古树，其实它还没那么老，差不多有300岁。

名字
龙血树

特点
树干受到损伤后，会流出红色的树脂

拉丁学名
Dracaena cochinchinensis

高度
2～10 米

龙血树生长缓慢，每十年长高1.5米左右。

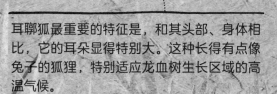

耳聊狐最重要的特征是，和其头部、身体相比，它的耳朵显得特别大。这种长得有点像兔子的狐狸，特别适应龙血树生长区域的高温气候。

13

枝上挂着"巧克力"：可可

可可以它的种子而出名，而可可种子粉碎后正是制作巧克力的原料。一棵可可树苗从栽在土里开始算起，四五年后就能结果。每年花期，成年的可可树开出黄色的拇指盖大小的花朵，这些花朵中只有一小部分能结出果实。可可果有的是橙黄色的，和橙子大小差不多。可可果最珍贵的不是果肉，而是种子。

那么可可种子是怎么制成巧克力的呢？首先，可可果里的种子，也就是可可豆，经过筛选后放在太阳底下晒干，以去除其中的大部分苦味，只留下迷人的香气。经过下一步的焙炒后，可可豆就被磨碎成可可粉，或制成可可脂。它们会成为制作点心的原料，或者进入工厂用于制作巧克力。

可可喜欢炎热湿润的热带气候，原产于南美洲，主要生长在赤道附近。

一个可可果差不多重0.5千克，里面有40～50颗可可豆。制作一块净重100克的纯黑巧克力，大约需要120颗可可豆。

可可蠓特别喜欢吸食可可花蜜。但它并不吃白食，会用自己的方式报答可可。它沾上的花粉会被携带到另一朵花上，为可可传粉，可可因此感到心满意足。而可可果最终变成了巧克力，我们也感到心满意足。

猜猜我是谁？

一棵成年的可可树每次会开出大约6000朵黄色的花。而为这些花朵授粉的不是蜜蜂，而是喜欢吃可可花蜜的可可蠓。

世界上约40%的可可豆都产自科特迪瓦。

名字
可可

特点
种子磨碎后可制作巧克力

拉丁学名
Theobroma cacao

高度
4~8米

倾国倾城之美：蓝花楹

蓝花楹原产于南美洲，但也很适应非洲的气候，所以不少人误以为它的原产地是非洲。但不管它生长于何处，都为当地增添了一份美丽。在世界各地的公园和庭院里，总能见到三三两两的蓝花楹。

蓝花楹每年四五月开花，开花时一树绚烂的紫，十分令人惊艳。花朵是喇叭状的，呈蓝紫或淡紫色，花期很长，能在枝头绽放很长时间。之后，花朵落在地上铺成一层紫色的"地毯"。它的叶子像鸟羽一样，沿枝丫两侧对称排列。蓝花楹喜热，甚至天气越热，花开得越多。

2008年，英国歌手史蒂夫·提尔斯顿见到开花的蓝花楹，被它的美所折服，就以蓝花楹为名写了一首歌。

研究证明，蓝花楹具有药用价植，不过人们很少用它来入药，大多数时候都是用美丽的蓝花楹装点公园和庭院。也许人们总是乐观地想着"看见美好的事物就会有美好的想法，就能在生活中品尝到美好的滋味"吧。

名字
蓝花楹

特点
开花时格外美丽

拉丁学名
Jacaranda mimosifolia

高度
7～15 米

蓝花楹有大大的花朵，它的果实也不小。果实刚结出时是青绿色的，而后渐渐成熟变成褐色。

猜猜我是谁？

蓝花楹的寿命在40～150年。

蓝花楹每年开花两次。

斑马像其他马科动物一样，喜欢吃低矮的灌木和地上的草。有时它们也许被美丽的蓝花楹所吸引，会趴在它的树荫底下乘凉。

长长的叶子，美味的果子：椰枣

椰枣，又叫海枣，其实是一种棕榈科植物，喜欢炎热的天气和充足的阳光，不喜欢寒冷。椰枣叶轴两侧的小叶呈羽状排列，深绿色，末端尖尖的，差不多30厘米长。每根叶轴上约有150片小叶，小叶组成的叶子长3～5米。椰枣叶在枝头停留3～4年后才会凋落，在原来的位置再长出新的叶子，因此椰枣树看上去永远都是郁郁葱葱的样子。椰枣果的营养价值很高。为了结果，雄株的花粉需要传送到雌株的花朵上去，这个过程被称为授粉。在自然环境中，风能帮助椰枣授粉，而花园中的椰枣在园丁的帮助下就能完成授粉。

→ 150kg

从种下一棵椰枣，到结出丰硕的椰枣果，需要8～10年的时间。在收获的季节，一棵椰枣一年可以获得多达150千克的椰枣果。

名字
椰枣

特点
外形像一把伞，果实营养丰富

拉丁学名
Phoenix dactylifera

高度
15～25米

单峰驼（拉丁学名：*Camelus dromedarius*）比双峰驼毛发更少，且只有一个驼峰，它们的身体结构很适应炎热的沙漠气候。它们不常喝水，喝水时速度极快，只需要一分钟就能喝完一桶水。

许多宗教经典里常常会提到椰枣果。

椰枣这一树种在阿拉伯半岛、两河流域和埃及的种植历史已经超过了5000年。

椰枣树只由树干和树叶组成,不横生旁枝。只是它的叶柄粗而长,倒是很像树枝。

椰枣果长2~3厘米,呈长椭圆形,形似手指。成熟后,椰枣果有褐色、黄色等多种颜色。

小心头顶的"吊灯"：吊灯树

吊灯树原产于非洲，因为它的果实长得像大吊灯而得名。吊灯树果实长约60厘米，重达9～10千克，由一根绳子一样的果柄连接，从枝头垂下。当从这么巨大的果实底下走过时，人们心里总会想，那根细细的柄千万不要突然断掉，以防果实掉下来砸到自己。要是被这么大而重的果实砸到，脑袋会肿成一个大西瓜吧。

吊灯树不仅果实奇特，红色的花朵也十分引人注目。这些花朵看起来很美，但有一股难闻的气味。只有蝙蝠等少数动物会被这味道吸引，前来吸食花蜜。吊灯树白天不开花，到了晚上才开出红花欢迎访客。

吊灯树的叶子是奇数羽状复叶，也就是在叶轴的两侧会长出5～7片小叶。

吊灯树的果实对人类来说并不美味，甚至有点倒胃口。人们只会把里面的种子烘干食用，有些猴子却格外喜欢吃这种果实。

吊灯树很适合用来做盆栽造型艺术。

名字
吊灯树

特点
果实大而重

拉丁学名
Kigelia africana

高度
3～20 米

猜猜我是谁?

吊灯树的多个部位都可以入药，缓解多种病症。除此之外，爱美的人也很喜欢吊灯树，因为吊灯树的树汁可用于制作护肤品。

公狮子既不喜欢打猎，也不喜欢照看孩子，它更喜欢吃母狮子打来的猎物。所以它整天都在树荫底下躺着，什么也不干。但在吊灯树底下躺着可不是一个好的选择!

名字
吊灯树

特点
果实大而重

又产胶又产蜜：阿拉伯金合欢

阿拉伯金合欢的叶子像含羞草叶一样，而且树枝上生有长长的尖刺，因此它还有一个别名："刺含羞草"。阿拉伯金合欢的叶子是羽状复叶，小叶沿着叶轴的两侧依次排开。

阿拉伯金合欢的树冠大体呈三角形，从远处看，整棵树有点像一朵大蘑菇。花朵则是鲜黄色的小球状，密密地簇在一起。这些花儿分泌的花蜜会吸引蜜蜂，蜜蜂吸食花蜜酿成蜂蜜。阿拉伯金合欢的花蜜和花朵都可以入药。

阿拉伯金合欢可以适应非常干燥的土壤，因此在非洲的沙漠地区也可以存活下来。

名字
阿拉伯金合欢

特点
花蜜可口

拉丁学名
Vachellia nilotica

高度
5~15米

阿拉伯金合欢果实像扁豆，但外壳比扁豆壳更加坚硬，而且种子圆鼓鼓的。一棵阿拉伯金合欢每年能结果2000~3000个。

阿拉伯金合欢木材同样具有实用价值,可用于造船。

阿拉伯金合欢流出的树脂被称为"阿拉伯胶"(E414),它既是食品工业中的一种稳定剂,也常用作化妆品中的增稠剂。

非洲的索马里生活着一种网纹长颈鹿,它们最显著的特点就是皮肤上有明亮的白色网纹,这些网纹把长颈鹿棕色的毛皮分割出一个个几何图案。这种长颈鹿有着又长又厚的舌头和强韧的嘴唇,吃新鲜的金合欢叶子时,不用担心会被树上的刺扎到。

23

童话中能穿透星球的巨人：猴面包树

猴面包树最大的特点是树干粗壮，直径可达到9米。树枝从树干顶部伸出来，叶集生于枝顶，每一叶柄通常有5片小叶，从远处看会让人联想起西蓝花。猴面包树果实长15～30厘米，果皮像粉笔一样坚硬，但果中柔软部分可以食用，可以加水或牛奶制成饮品。猴面包树果实不仅含有大量的钙，还含有丰富的维生素C。

猴面包树和蜀葵是不同的植物，但都属于锦葵科，通常是5片小叶聚拢在一起，呈伸展的手指的形状。花中央的雄蕊聚成球形，夜晚蝙蝠飞来喝花蜜时，身上沾满了花粉，会帮猴面包树传粉。

猴面包树是世界上最粗的植物。

猴面包树拉丁文中的"digitata"，是"手指"的意思。当然了，这里的"手指"并不是指猴面包树也有手指，而是指它簇生的叶片看上去像伸展的五根手指，因此而得此名。

千百年来，非洲当地居民把猴面包树当作食物和药物来源。有的猴面包树树龄已有1500岁，这也给这一种树增添了沧桑感。

猴面包树的花又白又大，初开时花香香的，等待夜晚到来的蝙蝠。这种花一般只开一晚，一旦过了花期，花朵会由白色变为褐色，慢慢凋零，而且还会散发出腐肉的气味。

在猴面包树生长的地方还生活着非洲象，这种象的耳朵比亚洲象的大很多，好像两片巨大的扇叶，有助于它们在非洲的炎热天气里快速散热。

在圣埃克絮佩里享誉全球的短篇小说《小王子》一书中，小王子的星球上就有一棵能钻透星球的猴面包树。

名字
猴面包树

特点
树干较短，果实可食用

拉丁学名
Adansoinia digitata

高度
10～25 米

25

果实有益健康： 无花果

无花果喜欢温暖的天气，冬季会落叶。这种树叶片宽大，具有3～5掌状分裂，背面有浅浅的柔毛，呈深绿色，散发出清香。果实和叶子、根、茎被划破时，会流出牛奶般的乳白色汁液。无花果并不是不开花，它的花朵藏在隐头花序里。

无花果分雌株和雄株，它们都会结果。

不过雄株的果实小而无味。为了结出果实，需要榕小蜂从雄株的花里飞出，进入雌性植株还未成熟的果实里。因为雌性植株还未成熟的果实里其实有无花果小小的花。这些花藏在果实内部，所以风无法帮助无花果授粉，授粉的工作就由这些榕小蜂完成。通过授粉，雌株的果实才能发育成熟。

在冬季，只有雄株结果。在春天来临时，这些果实逐渐长大。雌株在冬天不结果。

无花果曾多次出现在宗教经文和神话故事中。

无花果营养丰富，不仅含糖量高，还含有多种维生素，对人体很有益。

名字
无花果

特点
果实富有营养，叶片宽大

拉丁学名
Ficus carica

高度
5～10 米

无花果被认为是人类最早栽种的树木之一。在巴勒斯坦约旦河西岸地区的一些古代遗址中，发现了1.1万年前人类栽种无花果的痕迹。

猜猜我是谁？

土耳其的无花果产量占全球总产量的四分之一左右，而艾登省又是土耳其各省中无花果产量最大的省份。

无花果叶片宽大，因此树荫面积大，树底下基本无法生长其他植物。无花果的根在地下能延伸很深。

在授粉过程中，一部分榕小蜂从无花果里飞出，另一部分则只能终生生活在里面。人们在吃野生无花果时，偶尔会不经意间把榕小蜂吞进肚子里。

果实奇重无比：波罗蜜

波罗蜜是桑科的一种常绿树，冬天叶子不会凋落。相比寒冷的天气，波罗蜜更适应温湿的环境。如果生长环境合适，一棵波罗蜜能活上百年。当然，最值得一提的是它的果实。波罗蜜果实个头大，虽然和桑葚同属桑科树木的果实，但它和桑葚的大小简直是天壤之别。一个波罗蜜果实可重达40千克，是世界上最大最重的水果。

波罗蜜果实外皮通体浅绿，有瘤状凸起，是不能吃的。剥开外皮，可以看到里面一个个胶囊状的小果粒，吃起来像是菠萝和香蕉的混合口味。一棵正当壮年的波罗蜜一年最多能结出大约250个果实，尽管数量不算多，但因为每个果实都很重，所以农民们不会为收入发愁。波罗蜜果实连着粗粗的果柄，从树枝上垂下来，如果掉下来砸到脑袋，一定非常疼。

波罗蜜生长飞快，栽种后四五年就能长到10~12米高，开始结果。

波罗蜜不喜欢生长在高处，即便是低矮的小山坡，它也不喜欢。这种树喜欢生长在与海平面差不多齐平的地方，因此低海拔地区是最适宜它的生长环境。

波罗蜜拉丁学名中的"artocarpus"，由"artos（面包）"和"karpos（水果）"两个词组合而成，因此也有人把它翻译成"面包树"。

名字
波罗蜜

特点
果实大而沉

拉丁学名
Artocarpus heterophyllus

高度
10～20 米

猜猜我是谁？

说起波罗蜜，大家几乎都会想到孟加拉国等国家。不过实际上，这种树在东南亚热带地区的海边种得遍地都是。

最重的波罗蜜果实有90厘米长、50千克重，比一个婴儿还要大很多！

在冬天到来之际，戴帽乌叶猴（拉丁学名：*Trachypithecus pileatus*）会忙着寻找过冬的住所和组建家庭，因此它需要吃大量的食物。几乎每天一大半时间它都用来吃冬天能够找到的新鲜的绿叶，剩下的一小半时间则用来"工作"。就是因为每天太累了，所以它看你的眼神都是呆滞的。

大熊猫的主要食物：青川箭竹

其实竹子并不算一种树木。大体来讲，它们和小麦都属于禾本科植物，只不过它们的秆木质化，也就是说，我们可以把竹子看作又粗又硬又长的"草"。它们虽然是禾本科植物，却大多像树木一样，能长到数米高，直直地挺立在地面上。竹叶不会凋零，所以竹林看上去总是一片绿色。竹子是自然界生长最快的植物之一。一株植物如果一天能生长5～10厘米，就已经算长得很快了，而某些种类的竹子却能在一天之内长高半米多。

据估计，全世界大约有1000种竹子。其中青川箭竹对大熊猫来说至关重要，因为它们是大熊猫的主食竹种之一。这种竹子生长于1500～2000米的高海拔地区。

竹子在地面以下的部分盘根错节，能防止土壤流失。

竹子在中国文化中代表有气节和长寿，而在印度文化中则象征着友谊。

竹子对大熊猫来说是美味的食物，对人类来说则是制作用具和室内装饰品的重要原料。生活中随处可见竹桌、竹椅、竹瓶等竹制物品。另外，竹叶可以入药，竹笋可以做成菜肴。

名字
青川箭竹

特点
长得飞快，立得笔直

拉丁学名
Fargesia rufa

高度
2～3米

大熊猫（拉丁学名：*Ailuropoda melanoleuca*）每天花费一半的时间吃竹子，一天能吃12千克。

不仅是大熊猫，某些种类的猩猩和狐猴也喜欢吃竹子。

竹子开花难得一见，某些种类的竹子甚至在几十年间只开一次花。

31

喜欢热带气候的果树：山竹

你吃过甜味的大蒜吗？如果没吃过就对了，因为大蒜都是辛辣的。但我们接下来要说的这种水果虽然果肉很像大蒜瓣，却是不辣的。这就是山竹，它的味道介于树莓和葡萄之间，酸酸甜甜，十分可口。就是因为这种独特的味道，大家都称它是热带水果中的"皇后"。土耳其没有本地种植的山竹，所以在这里或许你很难见到和品尝到。如果你在超市偶然遇到这种水果，请一定要尝尝。

山竹也是常绿植物，绿叶在冬天仍挂在枝头。不过话说回来，在山竹生长的热带地区，冬季气候温暖，树叶通常都不会凋落。山竹并不喜欢严寒，也不喜欢酷热的天气。对它来说，降水充足、空气潮湿的地方是最适宜的。山竹在10～12月间长出果实，果实成熟时果皮会变成紫红色，此时挂满果子的山竹有点像挂满通红李子的李子树。山竹的外皮不能直接吃，不过它具有很好的药用价值。剥开紫红色的外皮，里头洁白的蒜瓣一样的果肉就露了出来。这些"甜甜的大蒜"味道很美，吃完一瓣还想再吃一瓣。

白掌长臂猿（拉丁学名：*Hylobates lar*）是一种主要生活在东南亚的珍稀动物，属于长臂猿科。它们很喜欢爬到树上摘果子吃，有时也吃叶子和昆虫。

山竹受到人们的喜爱，大约可以追溯到中世纪，那时马来西亚、印度尼西亚等地的居民就开始种植山竹了。

山竹是盛产于东南亚的热带树种之一。它不喜欢低温，如果出现4℃以下的低温天气，它就会受不了。

山竹生长十分缓慢，可能乌龟都比它长得快些。

名字
山竹

特点
果肉长得像大蒜瓣

拉丁学名
Garcinia mangostana

高度
10～20 米

33

芳香四溢的树木：紫檀

紫檀属于豆科植物，带有芳香，且极少生虫，所以用紫檀木做的家具深受大众欢迎。紫檀木很珍贵，可用来做工艺品和乐器。

紫檀叶有点像刺槐叶，种子则像一粒粒纽扣，藏在荚果里，果实落到泥土地上，很有可能会长出另一棵紫檀。紫檀的花朵是黄色的，蜜蜂很喜欢这种花。有人认为紫檀树脂和木材可以入药，用来治疗疾病。

紫檀木可用来制作土耳其传统弦乐器萨兹琴。

紫檀叶是羽状复叶，小叶7～9枚。

划破紫檀的树干，就会有红色的汁液流出，因此紫檀也被称为赤血树。

名字
紫檀

特点
树液红色

拉丁学名
Pterocarpus indicus

高度
30～40 米

紫檀是菲律宾的象征。

猜猜我是谁?

在菲律宾的某些地区，人们会采集紫檀花花蜜。

菲律宾眼镜猴（拉丁学名：*Tarsius syrichta*）在通知同伴找到食物，或是受到惊吓时，会发出尖锐的叫声，这叫声是灵长类动物所能发出的音调最高的声音。菲律宾眼镜猴有小小的身子和大大的眼睛，像可爱的吉祥物。

树干笔直、树形优美：朝鲜冷杉

朝鲜冷杉是松科的一种树木。它的特点是叶像一根根针，扁平，且冬季不凋落，四季常绿。朝鲜冷杉树干笔直，是很常用的家具用材。

朝鲜冷杉分布在海拔1000米的亚高山地区，野生种原产于朝鲜半岛，在世界其他任何地方的自然环境中都是见不到的。不过由于它们树形优美，有着独特的紫色大球果，所以被广泛栽种在世界各地的公园里。

大斑啄木鸟（拉丁学名：*Dendrocopos major*）是非常喜欢森林，尤其是松树林的一种鸟。它细长的喙好像一把电钻，能在树干上打出深深的洞，然后捉住里面的虫子吃掉。

朝鲜冷杉树冠呈金字塔形，看上去十分威严。

名字
朝鲜冷杉

特点
长着很大的紫色球果

拉丁学名
Abies koreana

高度
10～20 米

有几种冷杉属植物是十分名贵的木材。据说特洛伊木马就是用卡兹山上的冷杉木做成的。

朝鲜冷杉叶的背面有白色的气孔带。

朝鲜冷杉的球果很大。球果会由最初的绿色变成紫色，上面有许多尖锐的鳞片。

朝鲜冷杉的球果直立在枝条上。

朝鲜冷杉深绿色的针状叶比小手指短一点儿。

37

见过恐龙的树：银杏

有人把银杏称为"活化石"，是因为这种树早在恐龙时代就已出现，且一直延续到今天。尽管和松树同属裸子植物，但银杏叶并不是针状的，而是呈心形或扇形。这种形状的叶子给它增添了不少魅力。到了秋天，和四季常绿的松树不同，银杏的叶子会徐徐飘落，铺满地面的落叶看上去别有一番意趣。

银杏是雌雄异株的植物。如果雌株和雄株离得太远，则很难结出种子，因此人们会在园子里一起种上雌株和雄株，以利于授粉。银杏枝头有长长的柄连着银杏种子。刚长出来的种子是绿色的，成熟了就变成淡黄色的了。淡黄色的外种皮紧紧包裹着里面的种仁，微有臭味。

日本首都东京的城市标志就是从银杏叶获得的灵感。

1945年，美军在日本广岛投下一颗原子弹，造成无数伤亡，但核爆中心数千米内的银杏却活了下来，如今依旧枝繁叶茂。

在中国古代，就有人用银杏叶和种子等入药。

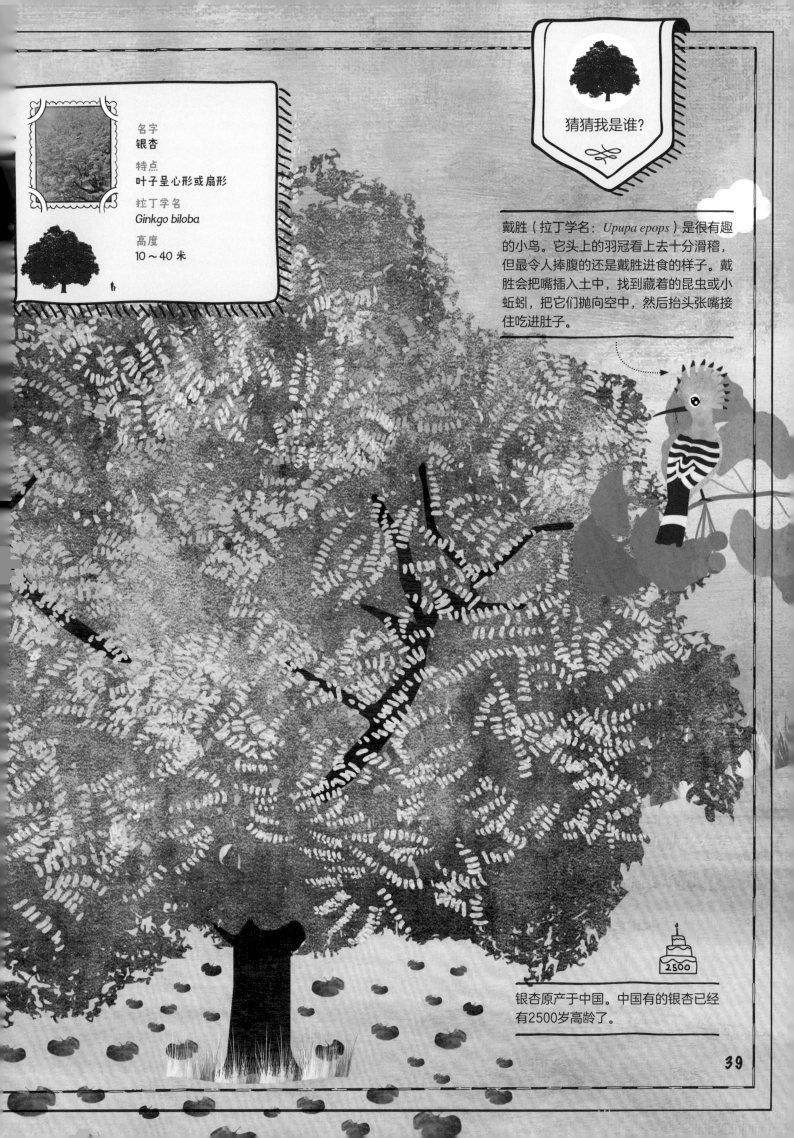

名字
银杏

特点
叶子呈心形或扇形

拉丁学名
Ginkgo biloba

高度
10～40 米

猜猜我是谁？

戴胜（拉丁学名：*Upupa epops*）是很有趣的小鸟。它头上的羽冠看上去十分滑稽，但最令人捧腹的还是戴胜进食的样子。戴胜会把嘴插入土中，找到藏着的昆虫或小蚯蚓，把它们抛向空中，然后抬头张嘴接住吃进肚子。

2500

银杏原产于中国。中国有的银杏已经有2500岁高龄了。

散发芳香、木材昂贵：柚木

柚木很适应热带、亚热带气候，喜欢降雨量大、热量充足的地方，忍受不了寒冷的高海拔地区环境。它和一串白、薄荷都属于唇形科，也都有白色的花和芬芳的气味。蜜蜂会被柚木的芳香所吸引前来为花授粉，继而花会结果，但果需要等上3～4个月才成熟。

柚木在冬天会落叶。叶子是椭圆形的，大小不一。有的叶子有半米长、二三十厘米宽。但它的花和果就没这么大了，往往只有一两厘米大，柚木果多呈球形。柚木是很好的家具用材，它不仅能适应各种气候，且经年不腐，因此价格昂贵。

柚木是东南亚特有的树种之一。

名字
柚木

特点
木材耐用，价格昂贵

拉丁学名
Tectona grandis

高度
10～40米

柚木经常被作为游艇的内饰用材。

猜猜我是谁?

柚木能防水、防潮。

柚木还能抗虫蛀。

柚木的颜色会随着树龄的
增加而逐渐变深。

老虎（拉丁学名：*Panthera tigris*）
被称为森林之王。和其他猫科动物
不同，老虎很喜欢游泳。

41

叶子是咸的，根长在水里：海榄雌

海榄雌生长在盐沼地带，或潮汐滩地等海边，有的只有灌木那么高，有的能长成小乔木。它们往往集中生长，形成一片海榄雌林。海榄雌生长在充满盐分的环境中，它的根部扎在水下，但为了获取氧气，有许多呼吸根伸到水面上。

海榄雌是常绿树，一年四季都不会落叶。它的叶子不仅可以进行光合作用，还能从背面排出叶内的盐分。一个人吃太多盐对身体不好，对植物来说也是如此。

在世界上许多热带地区，都能看到海榄雌林的身影。

海榄雌的根像蜘蛛网一样覆盖在海岸上，能防止海岸受到侵蚀。

一片海榄雌林往往是很多生物栖息的家园。鸟在密密的树枝间筑巢，螃蟹、虾和小鱼住在水下错杂的根系之间，以躲避天敌的追捕。

猜猜我是谁？

红嘴巨鸥（拉丁学名：*Sterna caspia*）是一种大型水鸟，喜欢生活在海边，爱吃鱼。如果你在海边看见一只盘旋在空中的大鸟突然冲下，扎入水中捕鱼，那可能就是一只饥饿的红嘴巨鸥。

海榄雌叶子的背面往往是咸的，上面带有叶面排出的盐分。你不信的话，可以舔一下，不过首先你要找到一棵海榄雌。

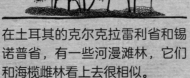

在土耳其的克尔克拉雷利省和锡诺普省，有一些河漫滩林，它们和海榄雌林看上去很相似。

名字
海榄雌

特点
叶子能泌盐，根系发达

拉丁学名
Avicennia marina

高度
2～10 米

苹果的祖先之一：新疆野苹果

不论是小孩还是大人，很多人都喜欢吃苹果，特别是脆生生、甜丝丝的苹果，人们更是喜欢得不得了。黄的、青的、甜的、酸的、大的、小的……世界上有很多种不同的苹果。苹果早已世人皆知，为人们所喜爱。

而新疆野苹果，是我们每天吃的各种苹果的祖先之一。这种野苹果树生长在中国新疆西部，在哈萨克斯坦也有分布。哈萨克斯坦首都努尔苏丹，有"苹果之城"的美称。据说，土耳其语中"苹果"一词就由古突厥语中表示红色的词演变而来，因为新疆野苹果就是红彤彤的颜色。

大沙鼠（拉丁学名：*Rhombomys opimus*）不算尾巴，大约只有一个手掌大小，有点像松鼠和老鼠，主要生活在哈萨克斯坦等中亚地区。大沙鼠有一对突出的大门牙，显得格外可爱。它并不是特别喜欢吃苹果，但因为苹果太出名了，所以它也趁机跑来露个脸。

名字
新疆野苹果

特点
果实是世界上有名的水果之一

拉丁学名
Malus sieversii

高度
5～10 米

苹果从枝头摘下后，如果储存条件良好，可以保存一年左右。

猜猜我是谁?

苹果树通常在四月份开出粉白色的花朵。

苹果叶小小的，椭圆形，正面深绿色，背面颜色浅，边缘有锯齿。

苹果既能生吃，也能煮着吃，可以做成苹果罐头、苹果汁、苹果醋，也能做成苹果蛋糕和苹果派。

45

叶子清香，树龄很长：核桃

核桃又称胡桃。核桃树和三球悬铃木一样，远远看上去都十分有气势。核桃树龄很长，壮年时树干表面光滑，随着树龄增长，树干的颜色由浅变深，同时出现很多裂纹。核桃叶为羽状复叶，小叶5～11片，叶子呈椭圆形，颜色清亮，顶端急尖。冬季，核桃树会落叶。

核桃树不能和其他树种在一起，因为它的叶片和果实里有一种名为"胡桃醌"的物质，下雨时，雨水会把胡桃醌带到土壤中，在这种物质的作用下，核桃树旁边的其他植物都无法生长。核桃果大约乒乓球大小，有一层厚厚的青色外果皮。内果皮坚硬，敲开内果皮，里面就是棕色的核桃种子。核桃种子富含油，味美，营养价值非常高。

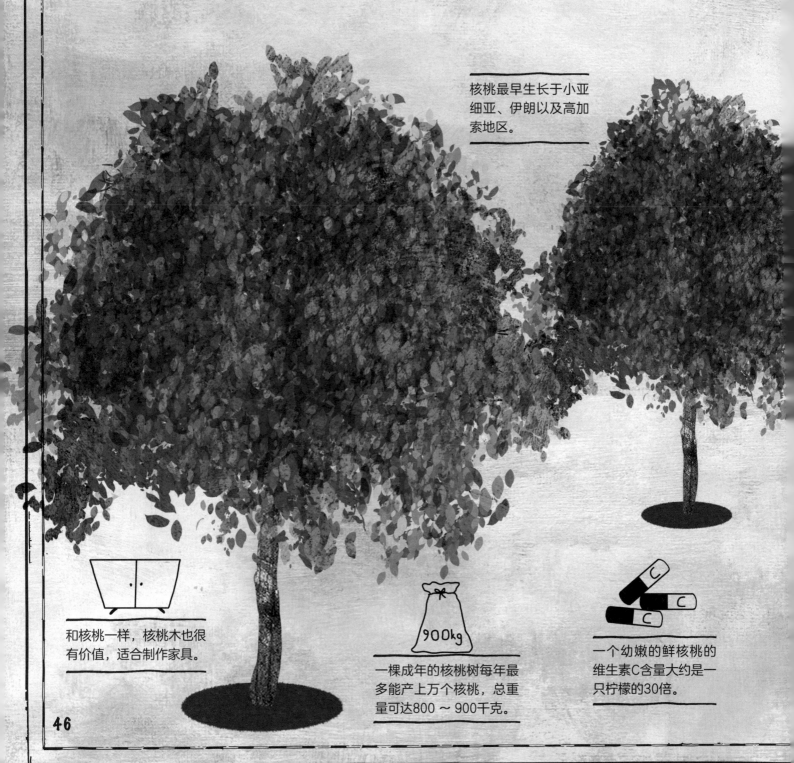

核桃最早生长于小亚细亚、伊朗以及高加索地区。

和核桃一样，核桃木也很有价值，适合制作家具。

900kg

一棵成年的核桃树每年最多能产上万个核桃，总重量可达800～900千克。

一个幼嫩的鲜核桃的维生素C含量大约是一只柠檬的30倍。

核桃叶子有一股清香。

猜猜我是谁?

核桃仁既可以当作干果吃,也可以用来做沙拉或者各种派。它是制作蛋糕等甜点的原料。核桃酱更是无比美味。

名字
核桃

特点
树龄很长,叶子清香

拉丁学名
Juglans regia

高度
20～40 米

雪豹(拉丁学名:*Panthera uncia*)全身覆盖着的厚厚皮毛可以抵御寒冷,而且在休息时,雪豹会卷起粗而长的尾巴,像围巾一样盖在脸上。

直入云霄：黎巴嫩雪松

在很久很久以前，以色列的所罗门王下令修建了一座华丽的宫殿。这座宫殿雄伟壮观，令人叹为观止，宫殿使用的木材，几乎全部取自从黎巴嫩运过来的雪松。因为雪松木十分耐用，还能散发出独特的松香。

这种雪松在黎巴嫩十分常见，因此被命名为黎巴嫩雪松。黎巴嫩雪松是黎巴嫩的国树，在黎巴嫩国旗上也能见到这种雪松的图案。不过除了黎巴嫩，在土耳其境内的托罗斯山脉也发现了野外自然生长的黎巴嫩雪松。

黎巴嫩雪松生长在高海拔地区。在海拔超过2000米的地方，许多树木都无法存活，黎巴嫩雪松却仍可生长。

黎巴嫩雪松在《圣经》上被称为"植物之王"。

自古以来，黎巴嫩雪松就常被用来建造宫殿。而近年来，黎巴嫩雪松遭到大量砍伐，如今在黎巴嫩，野生黎巴嫩雪松正面临着空前威胁。

名字
黎巴嫩雪松

特点
黎巴嫩的象征，生长于高海拔地区

拉丁学名
Cedrus libani

高度
30～40 米

在黎巴嫩的黑门山上生活着一种山羊，最后一次被目击是在1900年，之后再也不见它们的踪影。这种山羊现已灭绝。

黎巴嫩雪松的叶子呈深绿色，针状，短小。30 ～ 40 根松针一簇长在短枝上。

它的球果呈淡绿色，直直地立在枝头。到了秋天，这些球果会渐渐变成棕色。

猜猜我是谁？

300年

黎巴嫩雪松十分高大，树龄很长。

雪松浓郁的气味可以驱赶以木头为食的虫子，让它们远离这种树。这也是雪松木十分耐用的原因之一。

以果实出名的树：椰子

椰子树生长在热带地区的海边，在非洲和东南亚海岸边，椰子树都是一道亮丽的风景线。但人们更熟悉的是它的果实，椰子差不多有人的脑袋那么大，却比脑袋硬，在世界各地都很受欢迎。

椰子不能直接吃，可以剖开食用里面的汁液和白色的椰肉。把椰肉碾碎、挤压，经过加工处理可以获得椰乳和椰油。椰乳和椰油可以添加在洗发水、沐浴露里，滋润我们的头发和肌肤。椰肉还可以做成椰蓉，用来制作糕点。

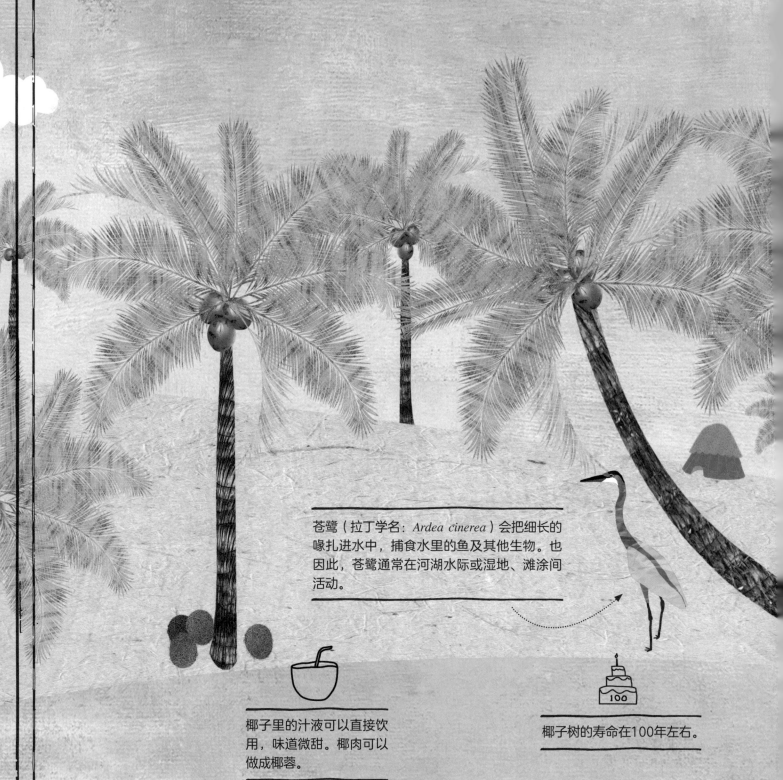

苍鹭（拉丁学名：*Ardea cinerea*）会把细长的喙扎进水中，捕食水里的鱼及其他生物。也因此，苍鹭通常在河湖水际或湿地、滩涂间活动。

椰子里的汁液可以直接饮用，味道微甜。椰肉可以做成椰蓉。

椰子树的寿命在100年左右。

名字
椰子

特点
果壳坚硬，里面有汁液和椰肉

拉丁学名
Cocos nucifera

高度
15～30米

猜猜我是谁？

椰子果壳上的纤维可以制成纱线。

椰子和棕榈是近亲。

巨大的椰子在地上滚动或是在水上漂荡，遇到合适的土壤就能生根发芽，经过漫长的岁月长成高大的椰子树。

能持续结果：杧果

杧果，俗称芒果，生长在印度、巴基斯坦等热带地区。杧果果实鲜美多汁，人们总是变着花样享用它：鲜杧果、杧果干、杧果汁、杧果罐头、煎杧果……杧果树最高可达30米。大多数果树过了某段树龄就不再结果，但杧果不同，它能在三百多年的漫长生命里持续结果。在有些国家，杧果的种植历史有数百年之久。

杧果树生长需要充足的水分，因此它把根部牢牢地扎进土壤中，即使是猛烈的热带暴风雨也很难撼动它。杧果果实刚长出来时是淡绿色的，成熟后颜色变为黄中带红。果实中心部分是带纤维的果核，果皮和果核之间就是澄黄甘甜的果肉。

名字
杧果

特点
能持续结果

拉丁学名
Mangifera indica

高度
10～30 米

在自然环境下，大象吃了杧果后，果核会随粪便排出，杧果就可以通过这种方式繁殖。

杧果是孟加拉国的象征之一。在孟加拉国拉杰沙希市，甚至还有一座巨大的杧果雕像。

猜猜我是谁？

印度是世界上最大的杧果种植地。

红领绿鹦鹉（拉丁学名：*Psittacula krameri*）主要生活在印度和巴基斯坦，它们特别喜欢站在杧果枝头吃杧果。

结出开心果的树：阿月浑子

我们平常吃的开心果，是阿月浑子的果实。阿月浑子是一种适应沙漠气候，可在盐碱地里生长的矮小树种，冬季落叶。它的叶子是羽状复叶，小叶呈卵形，表面光滑，叶脉清晰。

开心果是一种核果，我们吃进嘴里的是开心果的种子。种子外有一层硬皮，硬皮外还有果壳，起保护作用。果壳最初是绿色的，随着果实的成熟而变成淡红色。剥开果壳和硬皮，里面便是淡绿色的种子。阿月浑子在叙利亚很常见，在土耳其也被大量种植。在土耳其，种植阿月浑子最多的地方是加济安泰普，因此开心果也被称为"安泰普果"。

→ 50 000

阿月浑子每次结果都是大丰收。每棵树一次平均结5万颗开心果，可加工成约50千克干果。

变色龙（拉丁学名：*Chamaeleon vulgaris*）的身体两侧扁平，两只眼睛可以单独转动，尾巴很长，还有一条大约是身体1.5倍长的舌头。它的舌头能在70毫秒内弹出，拽住猎物并快速收缩。变色龙主要以蝗虫和蝇类等昆虫为食。

开心果味道香浓，制作巧克力时，往里面加一点儿开心果会更加美味。

根据考古发现，9000年前人类就开始食用开心果了。

猜猜我是谁？

1. ～～～
2. ～～～
3. 土尔其
4. ～～～
5. ～～～

土耳其是世界第三大开心果生产国。

阿月浑子和腰果是一家，具体来说它们都是漆树科的成员。

名字
阿月浑子

特点
种子美味，每次结果都是大丰收

拉丁学名
Pistacia vera

高度
5～10米

55

伊斯坦布尔的粉紫色项链：南欧紫荆

南欧紫荆的花朵是粉紫色的。春天来了，一棵棵南欧紫荆开得如火如荼，枝头满是粉紫色的花，简直像一大块棉花糖。每年五月，博斯普鲁斯海峡（又称"伊斯坦布尔海峡"）两岸开满了南欧紫荆花，它们好似一条粉紫色的项链，把伊斯坦布尔装扮得分外美丽。

南欧紫荆主要生长在地中海沿岸各国，它特别需要充足的光照，不喜阴暗。在土耳其，南欧紫荆不只出现在伊斯坦布尔，在马尔马拉海、爱琴海、地中海等沿岸省份都很常见。

南欧紫荆被认为是春天的信使。在土耳其古代，人们甚至会等南欧紫荆开花了才庆祝春天的到来。

名字
南欧紫荆

特点
粉紫色的花朵，格外美丽

拉丁学名
Cercis siliquastrum

高度
5～10米

南欧紫荆的叶子是心形的，因此有人给它起了一个浪漫的名字——"爱情树"。

南欧紫荆和扁豆都是豆科植物，南欧紫荆花也和扁豆花很像，只是颜色有差异。

除了南欧紫荆，伊斯坦布尔海峡还有另一个标志——海鸥。在伊斯坦布尔能看见好多不同的海鸥，而在轮船四周盘旋、叫声难听、跟船上的人抢面包吃的，大都是黄脚银鸥（拉丁学名：*Larus cachinnans*），它们的寿命在30年左右。

果实戴着小帽子：夏栎

在森林里探险时，你可以轻易辨认出夏栎。因为它的叶子边缘有钝圆的锯齿，远远看去重重叠叠的，好似一层层波浪。夏栎的果实非常独特，你仔细看会发现，果实的顶端好似戴着一顶小圆帽。这种果实被称为橡实，是松鼠很喜欢的食物。

橡实通过短柄连在枝头，三三两两地长在一起。它们需要花上很长时间，从绿色慢慢变成咖啡色，成熟后落到地面上。如果没有被松鼠吃进肚子里，地上的橡实就会萌出小小的树苗。如果树苗能够在土壤里扎根并存活下来，就会长成大树，活上很多很多年。

夏栎的木材厚重，木纹平直，十分适合制造船只。

全世界共有300多种栎属植物，你能在土耳其见到其中的18种。

夏栎在整个欧洲和包括土耳其在内的高加索地区都有分布。

名字
夏栎

特点
树龄很长

拉丁学名
Quercus robur

高度
25～30 米

夏栎冬天会落叶。

过去人们戴的象征胜利的花环就有用夏栎枝叶编的。

松鼠的牙齿十分锋利，可以一下子咬开橡实等坚果的外壳吃到种子。

夏栎寿命可达600年左右，有的甚至能活上千年。

能抗风，耐淋雨：波士尼亚松

松树最明显的特点，是它细长的针状叶，以及里面藏着种子的球果。松树四季常绿，不论春夏秋冬，总是一片深绿色。在世界范围内有上百种不同的松树，众多种松树之中，波士尼亚松以长寿闻名。

波士尼亚松最常见于巴尔干半岛的山区，对于严寒、劲风、寸草不生的恶劣环境习以为常，甚至以松树为食的昆虫也拿它没有办法。它通常生长在海拔1000～2500米的地方，在崇山峻岭间显得高大而挺拔。波士尼亚松十分长寿，保加利亚有一棵波士尼亚松，树龄已超过1200年。

喜鹊（拉丁学名：*Pica pica*）有深色的长尾，腹部白色，十分引人注目。别看喜鹊外表优雅，它们却喜欢把周围无人看管的小物件偷偷搬到窝里去，性情有点古怪。如果你在野餐时发现了喜鹊，请记得看管好自己的眼镜和手表，别被喜鹊叼走了！

相比高大的乔木，2～3米高的低矮灌木状的波士尼亚松更为常见。

松树不喜欢生长在阴暗处。如果没有足够的阳光照射，松树可能会枯萎死去。

猜猜我是谁？

波士尼亚松的球果在成熟前是紫色的。

波士尼亚松极少用作木材，在欧美国家，它更多用来装点园林。

波士尼亚松是山区发生火灾后，恢复生态和植被的最好树种之一。

名字
波士尼亚松

特点
能在极端条件下存活

拉丁学名
Pinus heldreichii

高度
5～10 米

松树既耐严寒，又耐酷暑。

喜欢扎堆生长的树：山毛榉

欧洲水青冈俗称"山毛榉"。山毛榉的种子很有营养，可以榨成油炒菜吃，就连鸟儿、老鼠和松鼠也都很爱吃。它的拉丁学名中的"fagus"就是"食物"的意思。

山毛榉的叶子呈绿色，有光泽，卵形，边缘微微呈波浪状，带有小锯齿。秋冬季节，山毛榉叶子先变黄，再变红，最后凋落。

山毛榉的根扎得不深，难以在干旱炎热的气候中存活下来。因为干旱地区的树木需要把根伸入土层深处，才能吸收到水分。所以山毛榉更喜欢生长在经常下雨的地区，这样它浅浅的根就能更好地受到雨水的滋养。山毛榉十分耐阴，在遮天蔽日的密林里，它可以夹在其他树木中间生长，并不会觉得阴暗。

名字
欧洲水青冈

特点
耐阴，喜欢扎堆生长

拉丁学名
Fagus sylvatica

高度
20～40 米

山毛榉的果实带有黄褐色的绒毛，椭圆形，差不多有栗子大小，挂在叶子间。成熟后，外壳裂开，露出里面富有营养的种子。

山毛榉的果实有点像栗子，但不像栗子有那么多刺。

山毛榉喜欢营养物质丰富的肥沃土壤。

猜猜我是谁？

和许多树不同，山毛榉的树皮很少有裂纹，非常光滑平整。

山毛榉、栗树和橡树算是同一个家庭（壳斗科）里的兄弟。

棕熊（拉丁学名：*Ursus arctos*）的皮毛呈现深深浅浅的棕色，它们往往生活在人迹罕至的高山和森林里，特别喜欢吃蜂蜜。

皇帝们乘凉的树：三球悬铃木

你知道吗，三球悬铃木的叶片有一个手掌那么大，具有5～7深裂，好似人的手指。因为叶片宽大，所以三球悬铃木树荫浓密，遮天蔽日，深受人们喜爱。在浓密的叶子间，可见核桃大小的球状果，每个球状果里结有数百个小坚果。坚果基部有短短的绒毛，等坚果成熟后，风一吹绒毛就会随风飘散到四处。

一棵三球悬铃木可以长到40多米高，树龄可达千岁。不如想想，在土耳其一棵巨大的三球悬铃木下，苏莱曼大帝或者成吉思汗会不会曾经坐着乘凉呢？参天的树木当然无法开口同你说话，但你在树下小憩时，或许会感觉像是坐在一位饱经沧桑的老人身旁。

鬼鸮（一种猫头鹰，拉丁学名：*Aegolius funereus*）身长不超过30厘米，通常生活在松树林里，有时也会落在三球悬铃木或杨树枝头。

三球悬铃木在土耳其、伊朗、印度等许多亚洲国家的语言中发音都很相近。

名字
三球悬铃木

特点
树荫浓密，树龄较长

拉丁学名
Platanus orientalis

高度
25～30米

世界上最大的三球悬铃木生长在格鲁吉亚，树干周长约30米，树高50米，据推测其树龄超过2000年。

猜猜我是谁？

据说，奥斯曼帝国的创立者奥斯曼一世曾梦见一棵三球悬铃木，由此得到启示，决心建立一个庞大帝国。因此三球悬铃木也是奥斯曼帝国的标志之一。

在土耳其的伊斯坦布尔、布尔萨和安塔利亚等地，能见到一些非常古老的三球悬铃木，它们的树龄超过2000年，树干周长超过15米。

在土耳其，三球悬铃木以树大遮荫而受到人们喜爱，所以从奥斯曼帝国时期起，每个城市的广场和公园，甚至茶馆门口都会种上一棵三球悬铃木。炎炎夏日，人们会钻到树下纳凉或是喝茶消暑。

65

早餐桌上的霸主，忧愁的解药：油橄榄

人类吃了多少年汉堡包？大约200年。炸薯条有多少年的历史？大约300年。那油橄榄呢？它已经被人类摆上餐桌4000多年了。在我们的日常生活中，也随处可见油橄榄的影子：橄榄油、橄榄油皂、橄榄油护肤品、含橄榄油的香水和药品……油橄榄不仅可以让人果腹，让人变美，还有益健康。

油橄榄十分长寿，有的油橄榄已经超过了1500岁。但不管树龄有多大，它每年依旧可以开出洁白芳香的花，结出一颗颗青绿的油橄榄果，果实的颜色会随时间由浅变深。油橄榄的叶子呈窄而长的椭圆形，坚硬厚实，表面暗绿色，背面淡绿色。叶子在冬天也不凋零，全年都是绿色的。

名字
油橄榄

特点
营养丰富，果肉好吃

拉丁学名
Olea europaea

高度
10～15 米

油橄榄果实呈椭圆形或卵形，刚结出的果实是青色的，成熟时黑色光亮。人们根据油橄榄果实的颜色、味道、成熟度将它们加工成青橄榄或黑橄榄。

油橄榄和丁香的亲缘关系很近，都属于木犀科。这两种植物因其芳香的气味常常被添加进护肤品中。

油橄榄是地中海地区特有的树种，在西班牙等地中海沿岸国家很常见。

猜猜我是谁？

油橄榄用作木材不易朽坏。

橄榄枝和白鸽都是和平的象征。传说，挪亚在大洪水退去后，向空中放出一只鸽子。这只鸽子衔来一条橄榄枝，挪亚知道这是神的信息：地面上洪水和风暴都已消退，世间已重归安宁。

春天的信使：黄花柳

初春时节，天气逐渐回暖，在大多数的树还没开花时，黄花柳早早就开花报春了。黄花柳的叶子可以用作山羊饲料，所以它又被称为"山羊柳"。其实不仅山羊爱吃它的叶子，蜜蜂也很中意它早开的黄花。这些花仿佛一个个小黄球簇拥在枝头，里面藏着的花粉是蜜蜂十分喜爱的食物。

黄花柳也叫"湿地柳""森林柳"。一般我们见到的黄花柳都只有灌木那么高，但它也能长成高高的乔木。黄花柳特别喜欢生长在水边或林中。黄花柳的柳叶比垂柳叶较宽大，边缘微微呈波浪状，冬季落叶。

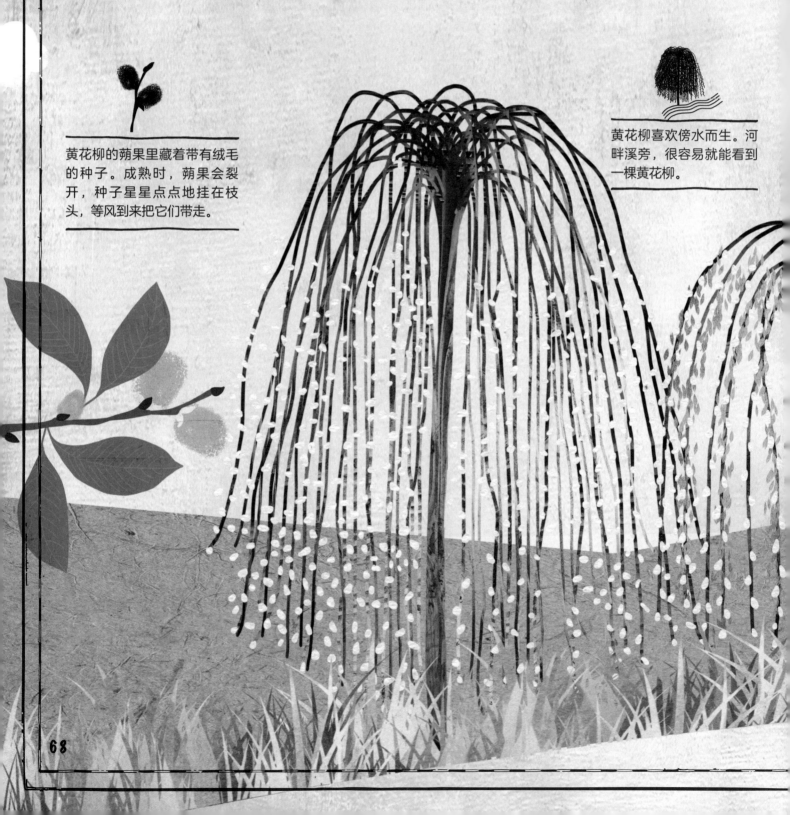

黄花柳的蒴果里藏着带有绒毛的种子。成熟时，蒴果会裂开，种子星星点点地挂在枝头，等风到来把它们带走。

黄花柳喜欢傍水而生。河畔溪旁，很容易就能看到一棵黄花柳。

名字
黄花柳

特点
春天最早开花的树之一

拉丁学名
Salix caprea

高度
2～10 米

复活节是基督教的一个重要节日。提起复活节，人们就会想到彩蛋。复活节在每年三四月份间，在这一天，有些国家的居民会从枝头折下鲜花做成花束来庆祝节日。在一些高纬度国家，春天往往是黄花柳先开花，于是人们习惯用黄花柳花做成美丽的花束。

猜猜我是谁？

黄花柳寿命不短，有的黄花柳已经活了300多年。

羱羊（拉丁学名：*Capra ibex*）是生活在阿尔卑斯山脉等地的一种野生山羊。黄花柳拉丁学名中的"caprea"一词，就是从羱羊学名中的"capra"演变而来的。

春天的快乐源泉：欧洲甜樱桃

当我们形容春天时，经常会说"春天来了，树木都穿上了新衣"。这里"穿上新衣"的树对土耳其人来讲，其实就是欧洲甜樱桃。四月，欧洲甜樱桃树上开满纯白的花朵，装点着大自然，整个樱桃林好似一块棉花地。樱桃花不仅美观，对大自然也十分有益。蜜蜂会吸食樱桃花花蜜，并酿成蜂蜜。

花朵凋落约一个月后，你就会发现欧洲甜樱桃不仅美丽，而且慷慨大方——在边缘锯齿状的椭圆形或卵圆形绿叶之间，晃动着一颗颗刚长出来的或红或黄的果实。这些果实会吸引各种馋嘴的鸟儿来吃，小女孩也会把它们摘下来当作耳环。

欧洲甜樱桃的花是白色的。

自古以来，土耳其的吉雷松省及周边地区就盛产甜樱桃。"吉雷松（Giresun）"这个名字，正是由土耳其古语中"甜樱桃（serasus）"一词演变而来。在吉雷松，人们还会烤樱桃吃。

欧洲甜樱桃的树冠微微呈球形，从远处看就像一把大伞。

用来做果酱和果汁的欧洲酸樱桃（拉丁学名：*Prunus cerasus*）和欧洲甜樱桃是近亲。

猜猜我是谁？

乌鸦是一种很聪明的鸟，很喜欢吃甜樱桃。当你发现乌鸦摆出一副准备进食的样子时，那甜樱桃就差不多该熟了。

在小枝上，甜樱桃三三两两地从长长的果柄上垂下来。

欧洲甜樱桃叶是毛毛虫的主要食物来源。

名字
欧洲甜樱桃

特点
白色的花，红色的果

拉丁学名
Prunus avium

高度
5～10 米

71

全身都是宝：欧洲栗

秋天，街头经常能见到有人推着小车卖糖炒栗子，栗子散发出浓郁的香气。但你可能不知道栗子挂在树上的样子。栗子外面有一个带刺的壳，像外套一样把栗子包裹在内，看上去好像一只小刺猬。这个刺壳最初呈绿色，等秋末时节里面的果实成熟了，刺壳就变成了褐色，同时从中间慢慢裂开，里面的栗子就会掉到地上。但有的时候还没等裂开，带刺壳的栗子就会掉到地上。

欧洲栗的树干和果实都有很高的实用价值。它的叶子狭长，边缘呈锯齿形，有细小的刺毛，冬季会凋落。欧洲栗最高能长到30米，寿命最长可达1000年。

土耳其种植欧洲栗最多的城市是布尔萨，而土耳其境内的野生欧洲栗大多生长在黑海地区和高耸的托罗斯山脉附近。

山毛榉、欧洲栗和橡树都属于壳斗科。

伶鼬（拉丁学名：*Mustela nivalis*）的脖子很长，尾巴很短，有点像松鼠。它看上去单纯可爱，但事实并非如此。这种只有15～20厘米长的小动物，其实特别调皮。别看个头小，伶鼬却毫不惧怕比它大的动物，它会到处捣乱，还会跑到鸡窝里偷吃小鸡崽，但由于身形短小，不容易被发现。

名字
欧洲栗

特点
果实和花蜜都很美味

拉丁学名
Castanae sativa

高度
25～30 米

欧洲栗全身都是宝。栗叶里获得的化学物质可以制药，花会吸引蜜蜂采蜜，酿出栗花蜜。

猜猜我是谁？

栗子中的淀粉含量很高，而麸质含量很低。对麸质过敏的人来说，栗子是很好的营养补充性食物。

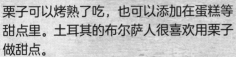

栗子可以烤熟了吃，也可以添加在蛋糕等甜点里。土耳其的布尔萨人很喜欢用栗子做甜点。

栗花蜜有独特的香气和味道，还十分有营养。

73

在风中吹口哨：欧洲山杨

五月来了，空中飘满了杨絮。杨絮一不小心钻进你的嘴里、眼里或是鼻子里，让你忍不住打了个喷嚏。这些杨絮来自杨树，是杨树的种子。春天刚来时，杨树在长叶子前就开了花。杨花成熟开裂后，这些絮状的种子被风一吹，就会飞出来飘到空中。杨树有很多种类，其中一种就是欧洲山杨。

欧洲山杨最值得一提的是，一阵微风吹过，它的叶子会发出沙沙的声响。捡起一片欧洲山杨的叶子，你会发现它差不多有掌心大小。叶子的背面是青灰色的，正面是绿色的。一阵风吹来，叶子的颤动会让整棵树看上去变换着深深浅浅的颜色。欧洲山杨叶子外形美观，不过在冬天会凋落，只剩下修长而斑驳的树干在寒风中挺立。

欧洲山杨的叶片呈宽大的心形或近圆形，边缘有钝齿。

名字
欧洲山杨

特点
风吹过树叶会发出沙沙声

拉丁学名
Populus tremula

高度
15～25 米

欧洲山杨的树皮呈淡黄色，表面没有裂纹，摸上去很光滑。不过等树木长到20～25年之后，树干颜色会逐渐变深，树皮也会逐渐开裂。

欧洲山杨生长极快，根能在很短时间内遍布四周土壤，抓牢土地。正是因为这个特性，一些国家为了稳固斜坡土壤，会在斜坡上种植欧洲山杨。

麝牛（拉丁学名：*Ovibos moschatus*）有着形状滑稽的角，以厚厚的皮毛和雄性能分泌麝香而闻名。它们习惯了寒冷天气，只生活在极北苔原地区。

欧洲山杨木没有异味，因此常被用来造纸或制作包装盒。

欧洲山杨最常见的用途之一是制成火柴。

欧洲山杨可以适应各种环境，生长在从海平面到海拔2000米的地方。

75

花和花蜜都有营养：心叶椴

喉咙疼的时候你会怎么办呢？你会不会先喝花茶再来杯蜂蜜水缓解疼痛？能同时满足你这两种需求的植物可不多，心叶椴就是其中一种。把椴花花瓣收集起来晒干后，可泡出芳香四溢的椴花茶。而椴花花蜜也深受蜜蜂的喜爱，蜜蜂们采蜜、酿蜜，最终做成椴花蜜，蜜中保留了椴花的清香。喝一口椴花蜜，不仅口齿留香，还有益健康。

每年夏天刚来不久，心叶椴就开花了，花儿挤在枝头，散发出迷人的香气。椴花的花瓣也值得一提。和大多数花瓣有所不同，心叶椴的叶子是心形的，而花瓣却是狭长的。

心叶椴喜欢生长于湿润的土壤中。黑海地区是心叶椴最集中生长的地带之一。

红尾熊蜂（拉丁学名：*Bombus lapidarius*）喜欢生活在潮湿的森林周边，可以帮助花朵传粉。它黑乎乎的身子和红彤彤的尾部形成了强烈的视觉对比，在众多蜂中最为惹眼。

76

对于木匠来说，心叶椴是很宝贵的木材，用途十分广泛。

猜猜我是谁？

椴花茶的味道和晒干的椴花花瓣多少有关。如果花瓣较少，泡出的椴花茶会比较清淡。

心叶椴叶子的正面深绿色，背面浅绿色，秋天会变黄，冬天会飘落。

心叶椴也是一种长寿的树，世界上还存活着600多岁的心叶椴呢。

600

名字
心叶椴

特点
椴花富含多种营养

拉丁学名
Tilia cordata

高度
20～30米

叶子带有清香：月桂

月桂终年常绿。它们酷爱地中海气候，但在过于干燥的地方也存活不下去。月桂春天开花，叶子有独特的香气，晒干后可做成香料调味，也就是我们在厨房经常见到的香叶，所以月桂叶是重要的贸易品。

月桂叶的形状很像矛头，边缘略有起伏，总体来看是长椭圆形的。月桂叶像皮革一样坚韧，闻起来清香。叶片正面呈深绿色，油亮亮的，背面则是哑光的浅绿色。月桂花是黄色的，簇生，1～3个聚在一处。花朵逐渐发育成暗紫色的果实，有点像油橄榄果。

人们猜测月桂的老家在地中海一带。

希腊神话中，女神达弗涅被河神变成了一棵月桂。

月桂的果实和油橄榄果一样，也是小小一颗，可以提取芳香油。

名字
月桂

特点
月桂叶能给菜肴增香

拉丁学名
Laurus nobilis

高度
10～15 米

月桂油可以入药，也可制成香皂。据说用月桂皂洗头对头发很好。

猜猜我是谁？

天牛的触角细长细长的，好像一对滑稽的长胡须。天牛的幼虫在树上挖的洞里生活。乍一看，天牛像山羊一样会啃树，不过山羊是在树的外面啃，天牛是在树的里面啃。

土耳其在全球月桂叶市场中占据重要地位。

灰白色的"树中淑女"：垂枝桦

垂枝桦可以生长于寒冷的地区，但它不喜阴。这种树在土壤里扎根很浅，为了获取充足的水分，它往往生长在潮湿或靠近水源的地方。垂枝桦树皮灰白色且光滑，树干十分细，总是长不粗。它长得飞快，且十分挺拔。叶子是心形或三角形的，有尖角，边缘锯齿状，正面深绿色，背面青灰色。秋季叶子变黄，冬季凋落。

这种树和杨树一样，风一吹就发出沙沙沙的声响。圆锥形的花序有手指粗，开花时满当当地点缀在枝头。果带有"翅膀"，风一吹过来就飘向四方。垂枝桦树干颀长，叶形优美，因此常常被种植在公园里。

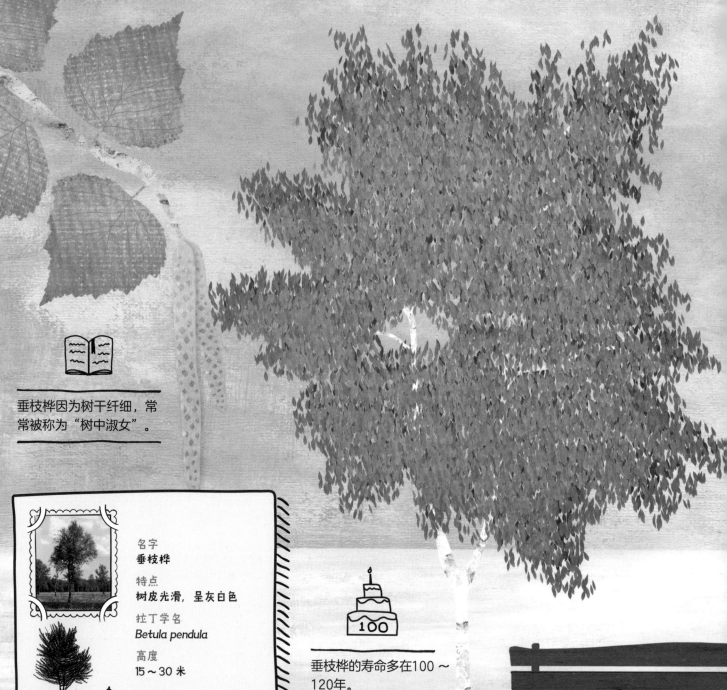

垂枝桦因为树干纤细，常常被称为"树中淑女"。

名字
垂枝桦

特点
树皮光滑，呈灰白色

拉丁学名
Betula pendula

高度
15～30 米

垂枝桦的寿命多在100～120年。

桦木常用于制作工具的柄，以及造纸。

在垂枝桦树干上划一个小口，会有树汁流出来，尝一尝会觉得比平时喝的饮用水多了一丝甘甜。

赤狐可以适应几乎所有自然环境。在亚洲、非洲、美洲等地的森林、沙漠、山脉和城市里，你都有可能见到赤狐的踪影。这里就有一只赤狐在桦树旁转悠。

口香糖工厂：乳香黄连木

乳香黄连木是一种终年常绿的树，不论春夏秋冬看上去总是绿油油的。这种树最初生长在爱琴海和地中海沿岸，不过能用于制作口香糖的树种几乎只自然生长在希腊的希俄斯岛和土耳其的切什梅镇。这种独特的乳香黄连木在枝干被划破时，会流出名为"洋乳香"的树脂，它尝起来有点像果酱，但味道更甜，是制作口香糖的重要原料。洋乳香在空气中会逐渐凝固。

每年六月中旬起，连续两个月，种植乳香黄连木的农民们都要忙着割开它的树皮，让洋乳香流出来。洋乳香能用来制作化妆品、曲奇、冰激凌，也可以直接嚼着吃。

乳香黄连木和阿月浑子都是漆树科的植物。

乳香黄连木木质厚重，十分珍贵。

一棵乳香黄连木每年能收集300～350克洋乳香。

人们会咀嚼天然的洋乳香来清新口气。

猜猜我是谁?

坐落于爱琴海的希腊希俄斯岛,是世界上最大的洋乳香产地。

洋乳香这种香料可以追溯到古希腊时期,希波克拉底等人都提到过它。

穴兔(拉丁学名:Oryctolagus cuniculus)很喜欢地中海气候。它体长40～50厘米,通常以绿叶为食,不过在冬天也会啃树皮和树根。有时穴兔也会跑到乳香黄连木底下,但它并不啃食树木,而是在树下打盹,因为兔子可不嚼口香糖。

名字
乳香黄连木

特点
树脂可做口香糖

拉丁学名
Pistacia lentiscus

高度
2～6米

2006年，经测量，一棵与巨杉同属杉科的红杉高度超过了115米，是现今世界上活着的最高树木。人们从希腊神话中获得启发，给它起名"亥伯龙神"。

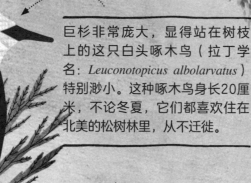

巨杉非常庞大，显得站在树枝上的这只白头啄木鸟（拉丁学名：*Leuconotopicus albolarvatus*）特别渺小。这种啄木鸟身长20厘米，不论冬夏，它们都喜欢住在北美的松树林里，从不迁徙。

1500

巨杉是北美特有的树种，通常生长在海拔1500～2000米的地方。

我们可没像猛犸一样灭绝：巨杉

想象一棵参天大树高耸入云。当你抬起头想看清它的模样时，枝叶间漏下来的阳光却让你目眩。你张开双臂想抱住它，却发现自己在它脚下好像一只小蚂蚁。这不是童话，是真实存在的。巨杉有雄伟的外观和难以想象的高度，是只存在于美国内华达山脉的树种。巨杉和众多松科植物的亲缘关系并不太远，但巨杉没有松树或冷杉那样的针形或条形叶。巨杉的叶子层层叠叠，呈锥形，顶端好似细针。叶子是绿色的，冬季不落叶。枝间可以看见比小拇指还小的褐色球果，里面装着巨杉的种子。

你可别被巨杉球果的迷你尺寸给骗了，巨杉，顾名思义，就是巨大无比的杉树。世界上会有比它还高大的树吗？有的树种确实比巨杉还高，但论树干周长、树木重量和树龄，可以肯定地说，巨杉就是世界上最大的树。如果把一棵巨杉的树皮铺在地上，它足以覆盖几千平方米的面积。在美国一些地方，为了通行方便，人们甚至在巨杉树干基部挖个洞，直直开一条路横穿过去。有的巨杉已有三四千年的树龄，因此也有人管它叫"猛犸树"。

名字
巨杉

特点
超大超酷

拉丁学名
Sequoiadendron giganteum

高度
80~100 米

猜猜我是谁?

3500

美国有一棵名叫"谢尔曼将军"的巨杉,据推测已有3500年的树龄。这棵树高约82米,树干周长约30米。

在很久很久以前,土耳其也曾生长过巨杉。在爱琴海地区的塔夫尚勒镇,人们挖煤时偶然发现了巨杉化石。

以为自己是一棵树的草：香蕉

我们可以简单地把植物分成草本植物和木本植物两大类。茎纤细，可以轻松折断的是草本植物；而茎粗厚，不能轻易折断的乔木或灌木是木本植物。从这个角度看，香蕉植株不是树，不能归类为木本植物，因为木本植物的茎干是木质的。而香蕉植株就像郁金香一样，茎干内木质部不发达。然而，考虑到香蕉植株能长到10米高，把它叫作"树"也不算错，所以我们才决定把它写进这本书里。

香蕉树的茎干直立，由一层层粗厚的叶鞘互相包叠而成，看上去很像树干，被称为"假干"。它真正的茎其实在地下。在准备结果时，假干上会长出许多花蕾，开出无数小花。而香蕉不算是正儿八经的典型果实。因为通常情况下，花朵在授粉后会发育成果实，里面含有种子，而现在种植的香蕉不需要授粉就能结果，里面也没有种子。

香蕉树抽蕾后，人们会说"生香蕉了"，这有点像阿凡提"锅要生了"的笑话。

名字
香蕉

特点
果肉香甜可口

拉丁学名
Musa nana

高度
5～10 米

香蕉是继小麦、水稻和玉米之后全球消耗量最多的食物。

君主斑蝶是迁徙距离最长的蝴蝶。

香蕉很有营养，含有多种维生素和矿物质。

把一根香蕉掰断，就能看到果肉中间有一条褐纹，那就是香蕉种子本该出现的地方。不过如今人工种植的香蕉都没有种子，只有自然环境下的某些野生香蕉才有。

在土耳其，一谈到香蕉种植，人们就会想到梅尔辛省的阿纳穆尔。这里的人们最重要的收入来源就是在大棚里种植香蕉。这里的香蕉比许多土耳其进口香蕉更美味、更香甜。

树内流淌着糖浆：糖槭

糖槭原产北美洲东北部，全世界槭属植物共有约200种，其中10种自然生长在加拿大境内。加拿大人以此为荣，并把糖槭叶画在了国旗上，显示他们对糖槭的喜爱。

糖槭叶差不多有成年人的手掌大小，分为五裂，就好像五个胖乎乎的手指。这五裂叶片有三裂比较大，位于正中；剩下两个比较小，分布在两边。每裂都尖尖的，边缘呈锯齿状。

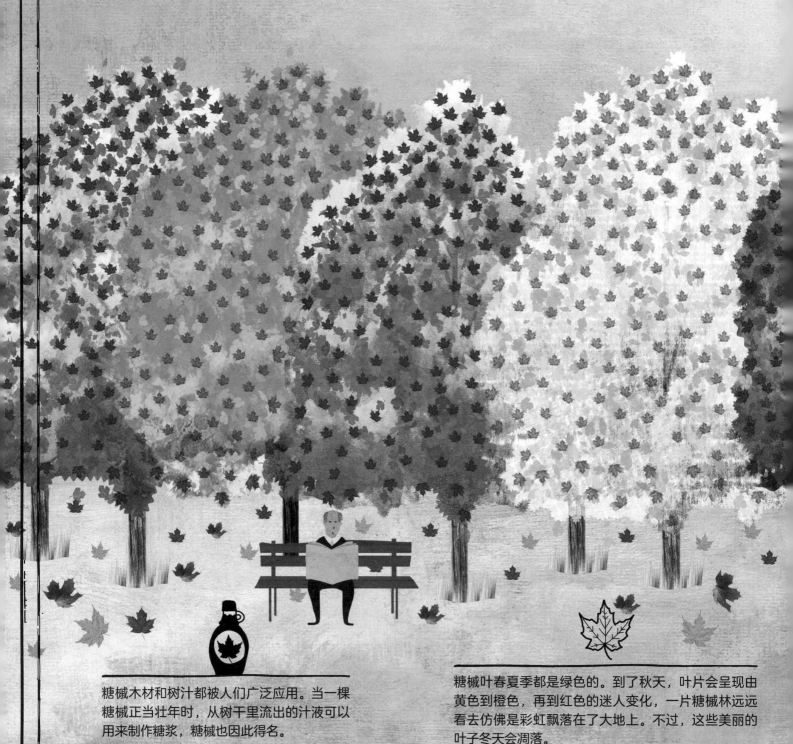

糖槭木材和树汁都被人们广泛应用。当一棵糖槭正当壮年时，从树干里流出的汁液可以用来制作糖浆，糖槭也因此得名。

糖槭叶春夏季都是绿色的。到了秋天，叶片会呈现由黄色到橙色，再到红色的迷人变化，一片糖槭林远远看去仿佛是彩虹飘落在了大地上。不过，这些美丽的叶子冬天会凋落。

名字
糖槭

特点
树汁可用来制作槭糖

拉丁学名
Acer saccharum

高度
30～40 米

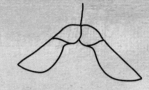

糖槭果实呈倒V形挂在树上，有一对"翅膀"附在果实两侧。

猜猜我是谁？

糖槭真正的故乡在加拿大和美国。不过因为造型优美，在许多国家的公园或庭院中都能见到它。

生活在加拿大的驯鹿被当地人称为"卡里布（caribou）"，如今是保护动物。它们以森林里的鲜草、嫩枝或地衣等为食，不论雌雄，头上都有一对分成许多叉枝的角。

作曲家的灵感来源: 木兰

大约300年前，一个在西印度群岛探索新物种的植物学家发现了一棵异常美丽的树，花朵丰满且清香，让他欣喜不已。他决定以好朋友"Magnol"的名字给这种树命名。这种树逐渐出名后，名字稍微发生了变化，变成了"Magnolia"。

木兰主要分布在亚洲东南部以及美洲，世界各地木兰科植物约有200种。有的木兰冬季不落叶，四季枝头都有绿叶。春天到来时，开出的花甚至比手掌都大。木兰花有的粉，有的紫，有的白，深受人们的喜爱。

西墨西哥珊瑚蛇（拉丁学名：*Micrurus distans*）是墨西哥特有的一种动物，有毒。它通身有着鲜艳的颜色和条纹，仿佛在说："别过来！我有毒！"

有的木兰会长出很大的叶子。

猜猜我是谁?

木兰花在艺术领域也有着重要的地位,是很多诗词和歌曲的灵感来源。在土耳其,和木兰花有关的一首歌是著名作曲家泽基·穆伦的《我的木兰花》。

木兰果实是聚合果,里头有紫褐色的小小种子。

人们发现了一批1亿年前的远古花朵和果实化石,其中就有木兰花化石。换句话说,木兰是世界上现存最古老的树种之一。

名字
墨西哥大叶木兰

特点
树形巨大,花朵素雅

拉丁学名
Magnolia dealbata

高度
10 ~ 20 米

果实特别养人：鳄梨

鳄梨原产于中美洲。几千年来，它的果实一直受到当地人的喜爱。鳄梨果实形状像梨，含油量很高，且含大量单不饱和脂肪酸，有着较高的营养价值。我觉得把它称作"长在树上的黄油"也不过分。不过，鳄梨果并不像蜂蜜那么甜，它别有一番风味，可以抹在面包上吃。

鳄梨果直径10～15厘米，表面粗糙。成熟时外皮颜色变深，呈深绿或黑紫色，是不能吃的。我们需要剥开外皮，吃里面浅绿色或浅黄色的果肉。在果实中间，你还能看到一个核桃大小的硬核，这就是鳄梨的种子。

蜜蜂是鳄梨树最得力的传粉"小帮手"。如果没有蜜蜂的帮忙，果实的产量就会下降80%。因此种植鳄梨的果园里常常能看到蜂箱。

名字
鳄梨

特点
果实营养非常丰富

拉丁学名
Persea americana

高度
10～20米

鳄梨树的叶子冬天不会凋零，四季常绿。

猜猜我是谁？

鳄梨果油容易被皮肤吸收，和橄榄油、杏仁油相比，鳄梨果油的保湿效果更好。

有些鳄梨树可以活50年。

鳄梨和月桂都属于樟科。

果实长在树干上：嘉宝果

红彤彤的红樱桃，酸掉牙的李子，黄灿灿的黄樱桃，多汁的桃子……这些水果一个比一个好吃，都是农民从枝头摘下来的。但你见过直接长在树干上的果实吗？如果你感到困惑，不知道我在说什么，那你仔细看一看，下面这棵树的果实就不是长在树枝上，而是长在树干上！

嘉宝果树的树干上先开出一团团小白花，远看仿佛挂满了洁白的棉花。这些花很快发育成果实，一个个葡萄一般大小，随着时间的流逝，逐渐从绿变红，最终变成深紫色。这时，整棵树看上去好像挂满了黑黝黝的小圆珠子。

嘉宝果树两年结一次果。

嘉宝果也被称作"树葡萄"。

94

名字
嘉宝果

特点
果实长在树干上

拉丁学名
Plinia cauliflora

高度
3～5米

猜猜我是谁？

嘉宝果可以做成果酱、果泥和果汁。

嘉宝果树不会落叶，四季常绿。

紫蓝金刚鹦鹉（拉丁学名：*Anodorhynchus hyacinthinus*）是世界上体形最大的鹦鹉，体长可达1米，其中尾巴就有半米长。它的喙十分独特，不仅能用来狼吞虎咽地吃东西，还能抓牢树枝以免自己不小心摔下去。

果内是棉毛，幼枝长满刺：吉贝

你是不是以为，只有仙人掌和玫瑰才长刺？那你看到吉贝，一定会大吃一惊。吉贝的幼枝上也长满了刺，而且比玫瑰花枝上的刺还要大，还要尖锐。看来，想爬到这种树上去玩，是一件很冒险的事。更何况这树可不矮，就算它没长刺，如果你想爬上离地面最近的树枝，也要先爬上十几米。然而，就算你真的成功爬上了吉贝树，你看到的东西也会令你大吃一惊——吉贝的果实里竟然长满了棉毛！显然，它的果实不是用来吃的，而是用来"穿"的。

吉贝果实直径长10～15厘米，像一个个绿色的大胶囊从枝头垂下。每一枚果实里都有很多种子，还有保护种子的棉毛。把这些絮状的棉毛收集起来，可以纺成线做衣服。另外，它的种子可以榨油，供食用或工业用。

吉贝的花朵比较大，呈喇叭状，鹅黄色。

吉贝花花蜜会吸引果蝠。果蝠在吸食花蜜的同时，也无意间帮助吉贝花传了粉。

吉贝的棉毛制成的吉贝棉，重量只有普通棉的八分之一，而且不会引起过敏。

吉贝冬季会落叶。

吉贝生长速度很快，平均每年能长高30厘米左右。

一棵吉贝平均每年大约产4000枚果实，里面共有约80万粒种子，棉毛能做成15千克左右吉贝棉。

名字
吉贝

特点
果内有棉毛，幼枝长满刺

拉丁学名
Ceiba pentandra

高度
25～75米

看上去无比浪漫的树：黄花风铃木

美好而难忘的时光总是很短暂。比如花一年时间准备的演出，只换来在台上表演了一两个小时。为了把这些宝贵的记忆留存在脑海中，你会拍照片或视频。黄花风铃木也有类似的故事。到了开花的时节，黄花风铃木满树金黄，蔚为壮观，令人流连忘返。但它一年只开花一次，十三四天后花朵便纷纷从枝头跌落。你必须耐心等待一年，才能再次看见黄花风铃木开花的壮观景象，并拍照留念。一年中剩下的时间里，你只能看见它树上的绿叶和

四季豆般的果实。但黄花风铃木也正是因为花期短暂、花开绚烂而出名。为了欣赏它的花，每年花开时节，世界各地的摄影师都会赶到黄花风铃木树下，静待花开。

黄花风铃木的花像一个个黄色的大风铃。黄花凋落后，枝头会结出形似四季豆般狭长的果实，嫩绿的叶子也会萌发出来。一根叶柄上有五片叶子，有点像一只手掌上的五个手指。这些叶片的正面绿油油的，很光亮，而背面则呈灰绿色。

黄花风铃木拉丁学名的意思是"黄色的喇叭花树"，它的学名想必正是来自花朵的颜色和形状。

名字
黄花风铃木

特点
开花时十分壮观，花期短

拉丁学名
Handroanthus chrysanthus

高度
25～30 米

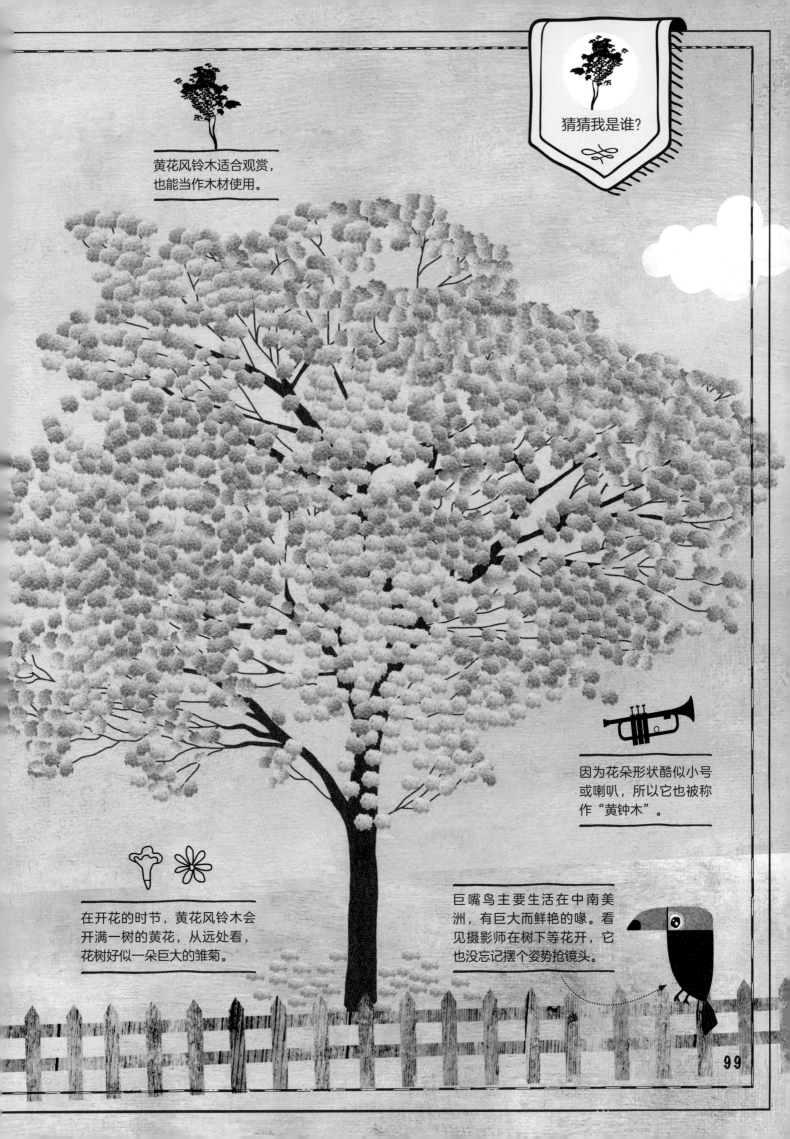

黄花风铃木适合观赏，也能当作木材使用。

因为花朵形状酷似小号或喇叭，所以它也被称作"黄钟木"。

在开花的时节，黄花风铃木会开满一树的黄花，从远处看，花树好似一朵巨大的雏菊。

巨嘴鸟主要生活在中南美洲，有巨大而鲜艳的喙。看见摄影师在树下等花开，它也没忘记摆个姿势抢镜头。

叶片可入药，木材做念珠：古柯

古柯其实是一种灌木，有一两米高。南美的安第斯山脉是野生古柯生长的少数几个地区之一。在热带气候地区也能人工种植古柯，不过这种树无法适应太多的降水。

古柯花很小，颜色淡黄。果实成熟时则是山楂一样的红色，里头有一粒种子。

古柯叶较厚，呈长椭圆形，亮绿色。叶片中间的叶脉很清晰，四周的叶脉则不太明显。古柯叶含有古柯碱，可以用于制作麻醉药。

皇狨猴（拉丁学名：*Saguinus imperator*）有长长的胡须，看上去很奇特。它身高仅二十几厘米，却有几乎半米长的尾巴。

用来制药的古柯叶必须趁挂在枝头还未凋落就采摘下来。

古柯木被认为具有抗菌的作用。

古柯木可制成念珠。

早在奥斯曼帝国时期,用古柯木做成的念珠就被传入土耳其,很快受到了大众的青睐。

名字
古柯

特点
木材有抗菌的作用

拉丁学名
Erythroxylum novogranatense

高度
2~5米

特别怕干旱： 南山毛榉

光洁南青冈又叫"南山毛榉"。南山毛榉虽然名中有"山毛榉"，但颇有欺骗意味，它其实并不是山毛榉（欧洲水青冈）大家庭的一员。山毛榉只生长在赤道以北，而南山毛榉却只生长在赤道以南，因此得名"南山毛榉"。

南山毛榉的叶片厚实，颜色暗绿，形状像小梭子一样，线条在尖端收紧。它和山毛榉叶片相似，边缘同样带有突起，也有清晰的叶脉。有的南山毛榉属植物的叶子，冬天也不会掉落，四季常绿。

南山毛榉木材是奶黄色的，是珍贵的家具原料。

南山毛榉和山毛榉虽然不是一家，但是叶子和果实都长得十分相似。

世界上最小的鹿普度鹿和一只猫差不多大。和南山毛榉一样，只有在南半球才能看到普度鹿。

南山毛榉特别讨厌干旱的气候，它喜欢湿润的土壤。

南山毛榉的树干是银灰色的。

名字
光洁南青冈

特点
喜爱湿润的土壤，木材很珍贵

拉丁学名
Nothofagus nitida

高度
20～35 米

驱除蚊虫，养育考拉：桉树

传播疟疾的蚊子特别喜欢沼泽，因为潮湿的泥污是它们繁衍的风水宝地。但蚊子多了，人们得病的风险就高了。于是人们想办法把沼泽排干，但这并不是件容易的事。如果有个大火炉或者大吹风机，那也许会容易很多，要不有块大得足以把沼泽吸干的海绵也不错！是的，大海绵！如果有一种树，能像海绵一样用树根把水分都吸走，那就太好了。

经过一番研究，人们发现桉树特别喜欢生长在潮湿的地方，于是就在沼泽边种下大量桉树。过了十几年，沼泽里的水就这么被吸干了，有效阻止了疟疾的传播。正因如此，桉树也被冠以"疟疾树"的称号。不过，这不是说它会导致疟疾，而是说它阻止了疟疾传播……

名字
赤桉

特点
考拉的食堂

拉丁学名
Eucalyptus camaldulensis

高度
30～45 米

桉树叶有一种独特的芳香，可用于制作药品和化妆品。

按树叶虽然闻起来芳香，但并不好吃，所以世界上很少有动物以按树叶为食。而食用按树叶的动物中，最出名的就是澳大利亚特有的动物考拉（又称树袋熊）。考拉对按树叶情有独钟，甚至一刻都不想离开按树。看上去它好像在不停地吃按树叶，永远挂在树上不想下来。

按树叶形状狭长，比较薄。

按树是常绿树，一年四季绿色的叶子都挂在枝头。

按树树干很粗糙，又长得飞快，而且可以长得很高。

按属植物的学名（eucalyptus）来自它们的种子。因为它们的种子有一层独特结构，有"硬壳"之意。

和松针一样，按树叶总是散发出一股清香，有点像薄荷的味道。

有的按树开的花是淡黄色的，像棉花一样一团团地挤在枝头。花落后会结出纽扣大小的果，颜色会由黄绿色变成褐色。

树皮五彩斑斓：彩虹桉

在童话世界中，彩虹在地面上的尽头往往有宝藏。但到目前为止，谁也没找到。而现在，我要宣布一个好消息和一个坏消息。好消息是，在澳大利亚有一种树，可以作为彩虹的尽头。它的树皮五颜六色，所以被称作"彩虹桉"。当你看到它的第一眼，会以为它就是彩虹在大地上的尽头。但我还有个坏消息：在彩虹桉的四周，并没有挖出什么宝藏。所以如果你相信这个童话，还是去别的地方继续寻找宝藏吧。

如果你仔细看，会发现彩虹桉树皮的颜色和真正的彩虹并不一一对应。树干上最初会有一层青色的树皮。随着时间的流逝和树龄的增长，这层树皮会一块块剥落，树皮会呈现蓝、紫、橙、红等颜色，彩虹桉因此看上去色彩斑斓。

彩虹桉不喜欢高山和恶劣的气候，习惯生长在雨水充沛、气候温暖的地方。

名字
彩虹桉

特点
树皮颜色五彩斑斓

拉丁学名
Eucalyptus deglupta

高度
20～60 米

和其他种类的桉树一样，彩虹桉冬季也不落叶。

新几内亚极乐鸟（拉丁学名：*Paradisaea raggiana*）是巴布亚新几内亚特有的鸟类，多彩的羽毛让人很容易联想到彩虹，巨大的尾巴也和中东地区童话中的神鸟席慕尔鸟有几分相似。

$ \$ \$ \$ $

彩虹桉木是巴布亚新几内亚重要的出口原料。

彩虹桉不仅可以用优美的身姿装点园林，它的木材还可以制成高质量的纸张。

107

龟速生长的树：泣松

尽管名字里带着一个"松"字，但泣松只是松树的远房亲戚。唯一的一点儿亲戚关系可能是它们都属于松纲。泣松拉丁学名中的"lagarostrobos"来自它的球果，在拉丁文中"lagaros"意为"细而小"，而"strobos"则意为"球果"，合起来就是"又细又小的球果"。泣松的球果很小，不像松树的球果那么大。

泣松的针叶也很小，但一根根针叶层层叠叠裹在枝条上，也显得很有气势。泣松只生长在澳大利亚的塔斯马尼亚岛，喜欢湿润的地方。它的另一个特点是生长非常缓慢，每年树干只变粗几毫米，简直是"龟速"生长。因此泣松虽然很长寿，但顶多能长到40米高。今天，我们还能看到2500～3000年树龄的泣松。

泣松木树脂含量很大，很容易塑造成各种形状，非常适合制作各种家具。

泣松木很珍贵，很适合用来造船。

泣松球果只有松树球果的十五分之一到十分之一。

尽管人们把袋獾（拉丁学名：*Sarcophilus harrisii*）称作"塔斯马尼亚恶魔"，但这种动物并不是真的恶魔。这种只出没于塔斯马尼亚的动物擅长捕猎，有锋利的牙齿，因此得名"恶魔"。快看！这只"塔斯马尼亚恶魔"正在泣松下寻找猎物呢。